撒 沙

科学艺术家
科普书作家
圣彼得堡国立艺术学院艺术学博士
莫斯科大学古生物学在读硕士

我出生在圣彼得堡，虽然平时都在大城市生活，但是每年的暑假我和弟弟都是在姥姥家度过的，姥姥家就在大森林旁边。在那里我们常常能发现各种各样的小动物。有时候我们也会做一些对小动物来说很可怕的事情。有一次我们正在追打一只大蜘蛛，正好有个朋友来了，说：“你们不要打蜘蛛，它们也是生命！”这句话对我们的影响非常大，从那以后，我们再也没折磨过小动物。现在我和弟弟都已经有了自己的孩子，我们都非常重视对孩子的教育。告诉孩子们小草、大树、小虫子、蜗牛、鸟等都是大自然家庭的一员，教育他们要爱护大自然！我希望这套《家门外的自然课》系列图书能让小朋友们和我的孩子一样，学会喜欢和保护大自然！

撒 沙

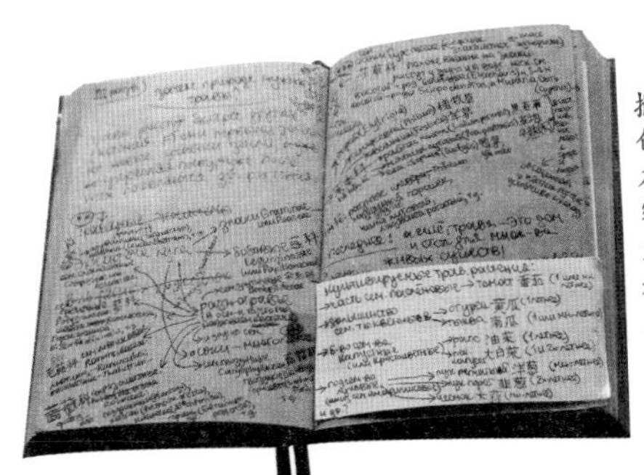

撒沙对于这套书的创作是从这个笔记本开始的，上面密密麻麻记录了她认为对于孩子而言有趣的知识点，通常是用俄语、汉语、英语三种语言来完成这样的记录。

这套书送给魏嘉、倍嘉、镜嘉和所有爱大自然的孩子！——撒沙

[俄罗斯] 撒 沙
冯 骐 著
[俄罗斯] 撒 沙 绘

看！草儿

山东科学技术出版社
·济南·

小草的大世界

不管是在高楼林立的城市，还是在山清水秀的野外，我们都能看到小草的身影。马路边的小草是城市环境的保卫者；田野中的小草是小动物们的家。小草是我们人类的好朋友。

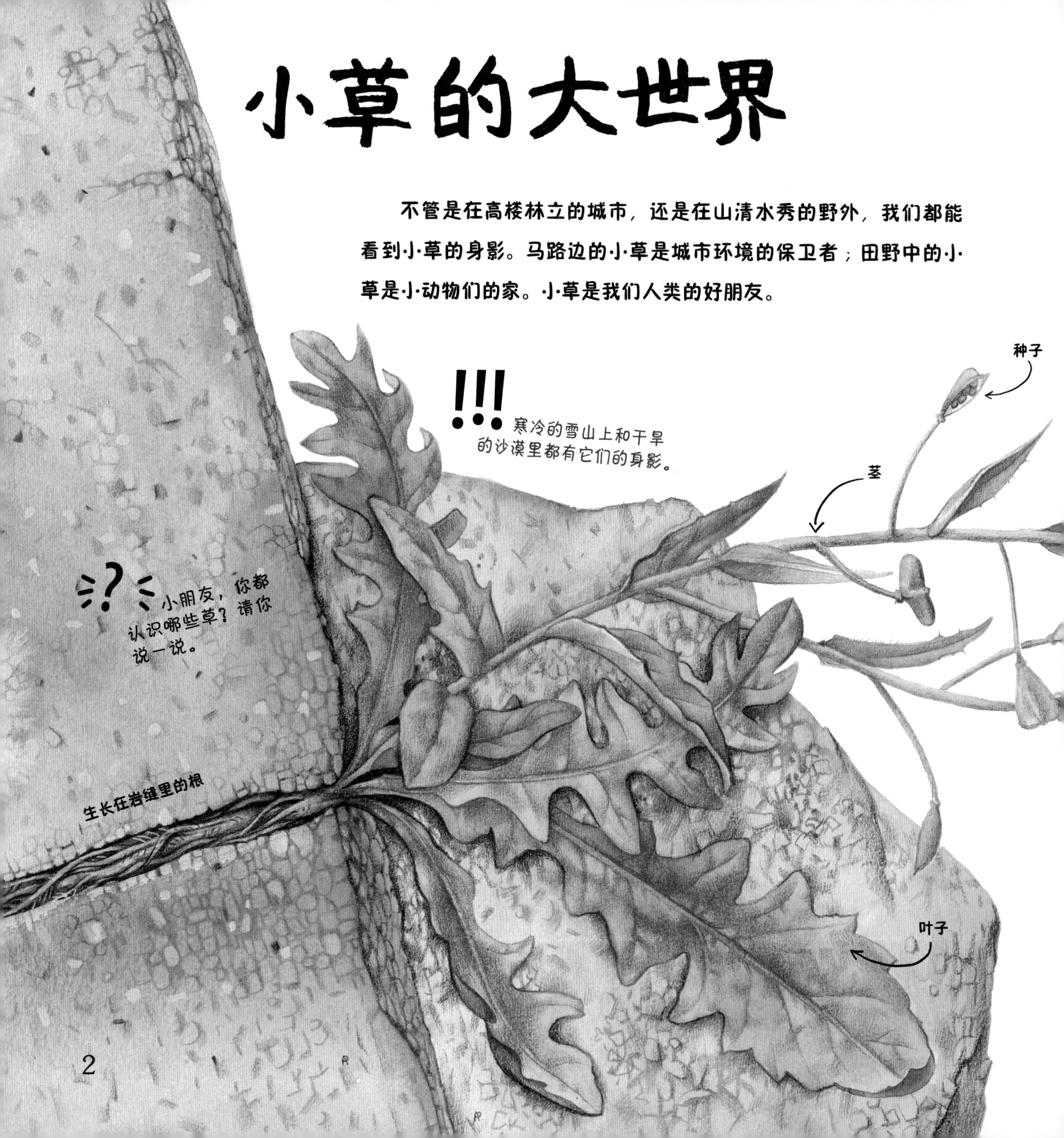

“天街小雨润如酥，草色遥看近却无。”一场春雨过后，不经意间，草儿就绿满了世界。之后，各种花儿竞相开放。一直热闹到深秋，沉寂成一片金黄。

科学家研究了恐龙化石后，认为在有恐龙生活的年代就已经有草了。因为他们在恐龙粪便的化石里发现了草。

很久以前，地球上所有的植物都只能在水中生活。最早登上陆地的植物长得像草，但还不是草。科学家研究发现，真正的草本植物出现得比较晚，比木本植物还晚。我们现在能见到的草，大部分出现于中新世（距今约 2 300 万 ~ 533 万年前）。

草儿有什么样的？

如果你认为所有草本植物都长得像草坪上的小草一样细细的，矮矮的，那就大错特错了。草本植物有好多种，根据生命的长短，可以将它们分为三类：一年生草本植物、二年生草本植物、多年生草本植物。根据生长环境，草还可以分为陆地上生长的种类和水里生长的种类。（爱水的草儿在第 6-7 页。）

有不少草本植物属于以下几个大家庭：堇（jǐn）菜科、莎（suō）草科、景天科、禾本科、豆科、菊科、蔷薇科、石竹科、毛茛（gèn）科、伞形科等。它们的叶子、花、种子的形状和颜色都不同。

小朋友，你知道吗？有些草可以长得很高。比如竹子和香蕉。

草儿也有带刺儿的，比如刺儿菜。长刺是草保护自己的一种方式。

小朋友，拿起画笔，在这两株“大草”底下画一些小草吧。感受一下它们的比例。

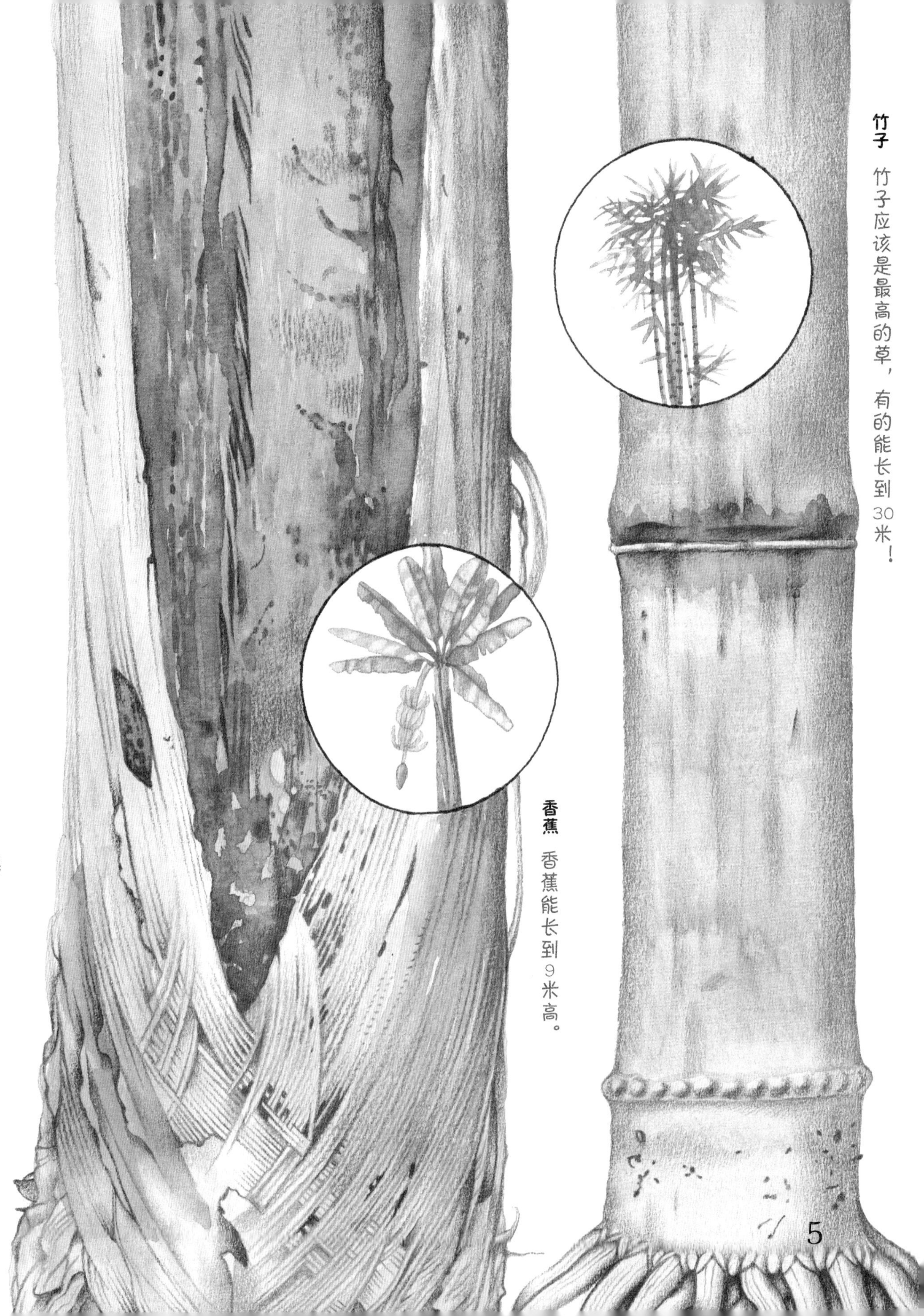

一般来讲，水生草本植物的根系不如陆生草本植物的发达，因为陆生草本植物要有发达的根系才能吸收到足够的水分。

小朋友，请你在这幅图的水里画一些小鱼和其他爱水的草吧！

爱水的草

水生草本植物可以分三类：

第一类是叶子漂在水面上的草。它们的叶子大多又圆又大，铺在水面上享受阳光的照耀。它们的身体里常有气室，让它们的叶子能浮在水面上不下沉。水葫芦就是它们的代表。

第二类是全身都浸在水里的草。它们的叶子往往细长纤小，不需要露出水面来呼吸。它们的根往往只起固定作用，万一被折断了还能继续在水中生存。比如小河里常见的金鱼藻。

第三类是茎、叶挺出水面的草。它们的根扎在浅水淤泥里，常有四通八达的地下茎，而且还是中空的。它们的茎或者叶都坚韧挺直，随着水波摇晃却不倒下。芦苇和莎草都属于这一类。

小朋友，请你仔细观察这些叶子，它们是左图中哪一种植物的叶子呢？

水葫芦最喜欢流动平缓的水面，它的根可以吸收水里的镉（gé）、铅、铜等多种化学物质。可是，在环境适宜的地区，水葫芦繁殖得太快了，会对生态环境和水上的运输造成一些问题。

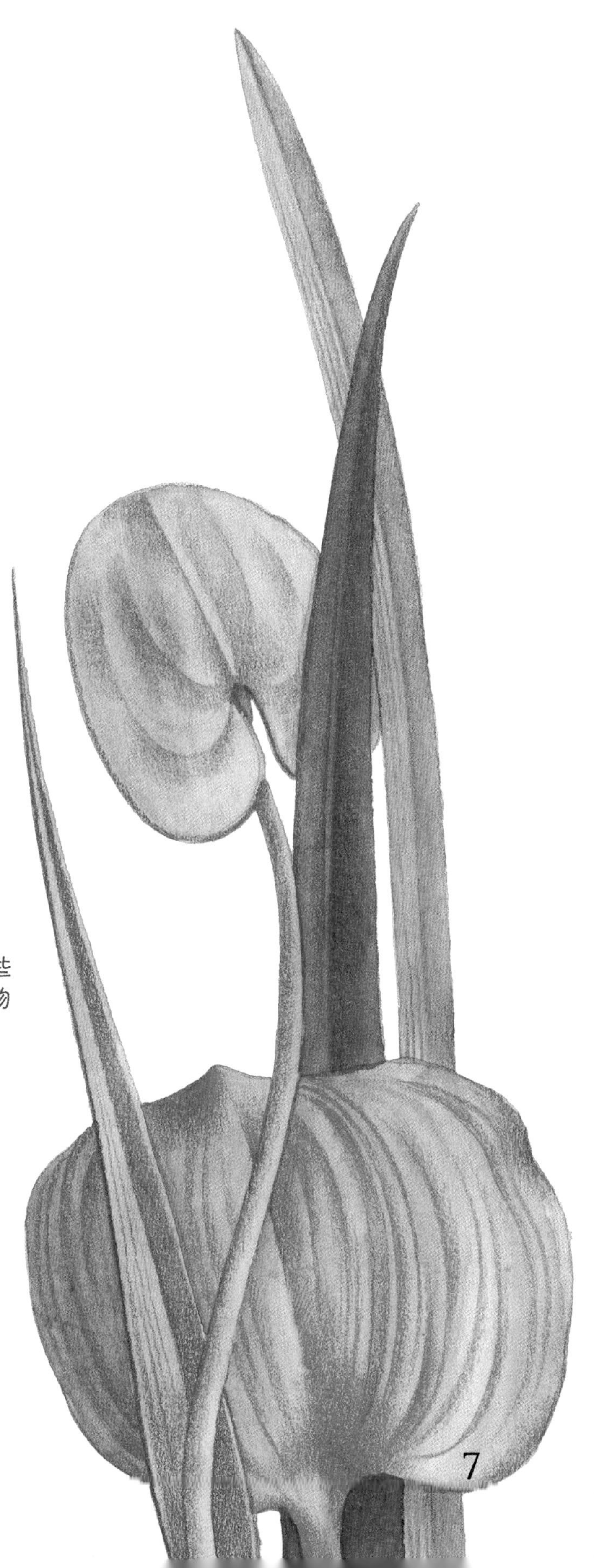

自然为什么需要草？

草儿是大自然重要的组成部分，它会在人类没有过度开垦的地方自由生长。草儿的根能够紧紧地抓住泥土，防止泥土被雨水冲走。草儿生长得越来越茂密，草地上也热闹起来：各种小动物都来草丛中安家，灌木和乔木也慢慢长起来了，草地大家庭的成员越来越多。

?

小朋友，你知道草儿是怎么帮助其他植物宝宝生长的吗？（答案在第 14-15 页。）

!!!

我们知道，兔子、牛、羊都吃草。可是，你知道吗？为了补充维生素，帮助消化，小狗和小猫有时也会吃草。

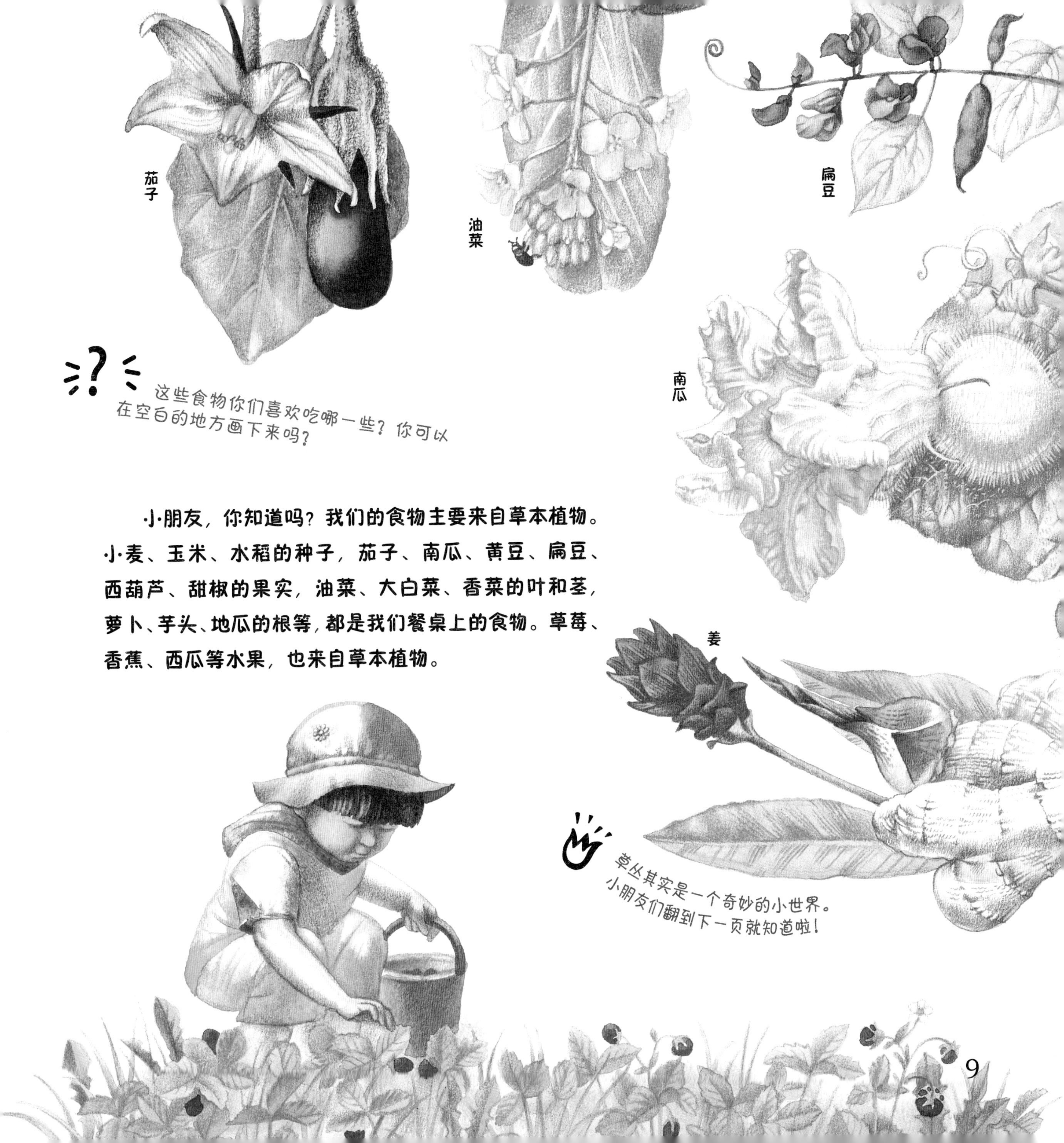

小朋友，你知道吗？我们的食物主要来自草本植物。小麦、玉米、水稻的种子，茄子、南瓜、黄豆、扁豆、西葫芦、甜椒的果实，油菜、大白菜、香菜的叶和茎，萝卜、芋头、地瓜的根等，都是我们餐桌上的食物。草莓、香蕉、西瓜等水果，也来自草本植物。

草之间是谁的家？

看似平静的草地，里面可能藏着一个热闹非凡的小世界。从这片被轻轻拨开的草丛里，你都发现了什么？

小朋友，请你仔细观察这个画面，你能找到藏在草丛里的小动物吗？你能说出它们的名字吗？

田旋花
车前草
灰灰菜
!!! 小朋友要注意了，践踏草坪不仅会踩伤小草，还会伤害住在里面的小动物呢！

小朋友，你能在图中找
到五只蜜蜂和六只蚊子吗？
小朋友，你
认识图中的这些
草儿吗？答案就
在这本书里面。
瓢虫
蓝灰蝶
熊蜂
三色星灯蛾
蚜虫
蜘蛛

草上是谁的餐厅？

草地上真热闹，各种昆虫飞来飞去。它们有的在找花儿，想喝一点甜甜的花蜜；有的在找别的虫子，想开开荤；有的在找地方休息，还有的在找朋友。

在草地上方有谁？

想一想，假如你变得像昆虫那样小，躺在草地里往上看，你会看到什么？

你会看到灌木和乔木。它们的繁衍生息离不开草地。它们的种子掉到地上以后，草儿保护种子不被风吹走，不被太阳晒干。而且种子藏在草丛中，不容易被小动物吃掉。种子就这样在草丛中静静地生根，发芽。

你还会看到飞翔的鸟儿，草地是它们觅食的地方。各种昆虫和种子是鸟儿们最喜爱的食物。还有一些鸟儿喜欢在草地上筑巢。

你还会看到蓝天白云，远处的飞机在天空中画出一条条白色的“尾巴”。

草地上方真的很美。

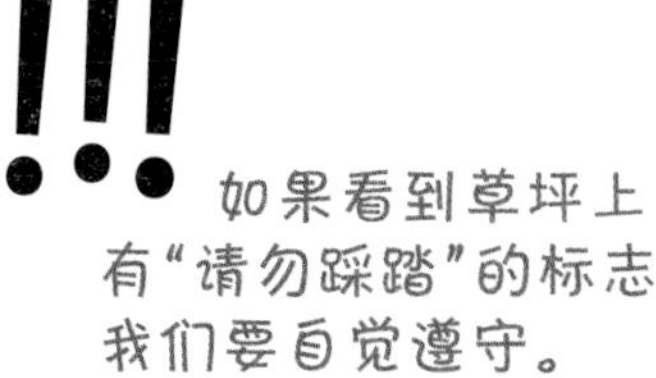

如果看到草坪上有“请勿踩踏”的标志，我们要自觉遵守。

城市里的草

城市里大部分的草是人工种植的。这些草基本上属于禾本科与莎草科。草儿吸收空气中的二氧化碳，释放我们需要的氧气。草地蒸发的水分能让空气变得湿润。草地还能调节气温，天热的时候，草地附近很凉快。看到绿油油的草地，我们心里会感到十分舒畅。

不要把垃圾扔到草地上，这会让草地非常难看！而且垃圾会污染草儿的生长环境。

爱护草地

小朋友想一想，左边的女孩在画什么？请你把你想到的画到这里。

!!! 卫生纸一般一年后就会被分解成泥土了，有的塑料袋却需要400年之久！还有些垃圾根本无法分解，会永远埋在土里。塑料会在土里释放有害物质，污染土壤，慢慢地又渗入地下水，这样我们喝的水也被污染了。

草地不只让城市变得更漂亮，还能净化空气，不让灰尘飞到小朋友的鼻子里面。

图中哪些小朋友的做法会对草地造成伤害？

图中有给草浇水的水龙头。请你看一看，它是开着的吗？

踩草的时候草会疼吗？

科学家研究发现，植物受到伤害后会把一些特殊的物质散发到空气中，利用空气的流动将这些物质输送到同伴那里，让它们提高警惕。从这个角度来讲，植物对自己受伤的状况是有反应的。另外，植物的伤口很容易使它受到细菌的攻击而生病。

很多小朋友喜欢摘花，花儿被摘下以后很快就会枯萎死去，也不能结出果实和种子来繁衍后代了！

小朋友，请你仔细观察，有些花儿被摘走了，你能不能把它们重新画上去呢？

红车轴草

母菊

萱草

草能活多久？

草本植物有一年生、二年生和多年生的：

一年生的草不耐寒，它们会在春、夏、秋三个季节中完成萌发、生长、开花、结果的生命过程，以种子的形态度过寒冷的冬天，延续生命。

气候不正常的时候，草也会生病。野外的草生病了只能慢慢自愈，但在人类生活的地方，给草儿治病是人类的义务和责任。在我们的爱护下，它们才会活得更好。

二年生的草在冬天到来之前就萌发、生长了，不过为了避开冬天的寒风，它们的茎、叶往往蜷缩或者紧贴地面，一旦天气回暖，就飞快地长高、开花、结果，在完成传宗接代的任务后枯死。

多年生的草在结果之后并不枯死，而是一年又一年地重复开花、结果的过程。在冬天寒冷的地区，它们露出地面的茎、叶会枯萎，但地下部分依然活力十足，静静等着温暖的春天到来。

小朋友，左图中都是多年生的草。请你看一看上图中的花儿，它们分别是左图哪棵草上长的呢？

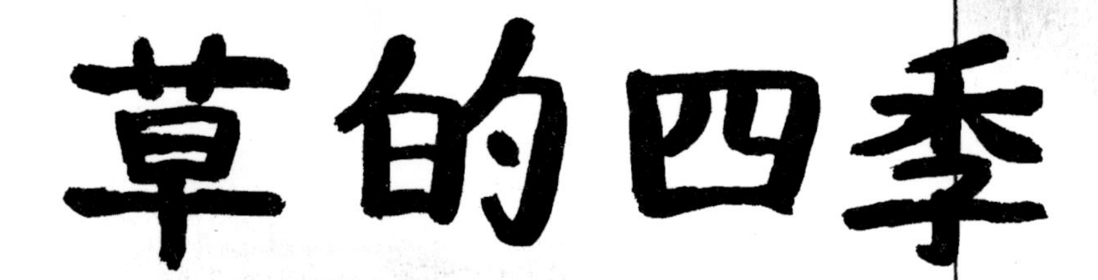

草的四季

春天是草苏醒的季节。

天气越来越暖和，冰雪融化了，小草开始发芽了。有一些草在春天就能开花，比如荠菜、苦苣菜、二月蓝、报春花、蒲公英、酢浆草等。

夏天是草茂盛的季节。

有一些草在夏天开花，也有一些草已经开始结种子了，草地呈现出五彩斑斓的颜色。

秋天是草枯萎的季节。

大部分草儿的花已经凋谢，草儿结种子了。草儿的叶子也变黄了，开始慢慢枯萎。也有一些草儿在秋天才开花。

冬天是草休眠的季节。

寒冷的冬天，草的根、茎、种子在土里休眠，等待新春。

会睡觉的草

有一些草儿不仅认识四季，也分得清白天和黑夜！马齿苋和酢浆草在晚上或者阴天的时候会自己合上叶和花，看上去像睡着了一样。其实这不是它们在睡觉，而是保护自己的一种方式。叶片和花瓣在夜晚闭合，可以减少水分和热量的流失，小草也是节能高手呢！

紫茉莉
!!!也有一些花儿只在晚上开放。太阳公公刚下山，紫茉莉就开花了。有时候，一棵紫茉莉能开好几种颜色的花，吸引晚上活动的飞蛾前来吸吮自己的花蜜，帮它们完成授粉。（关于授粉，请看下一页。）
?花瓣里面有什么？你知道吗？
（答案在第26-27页。）
白薯天蛾

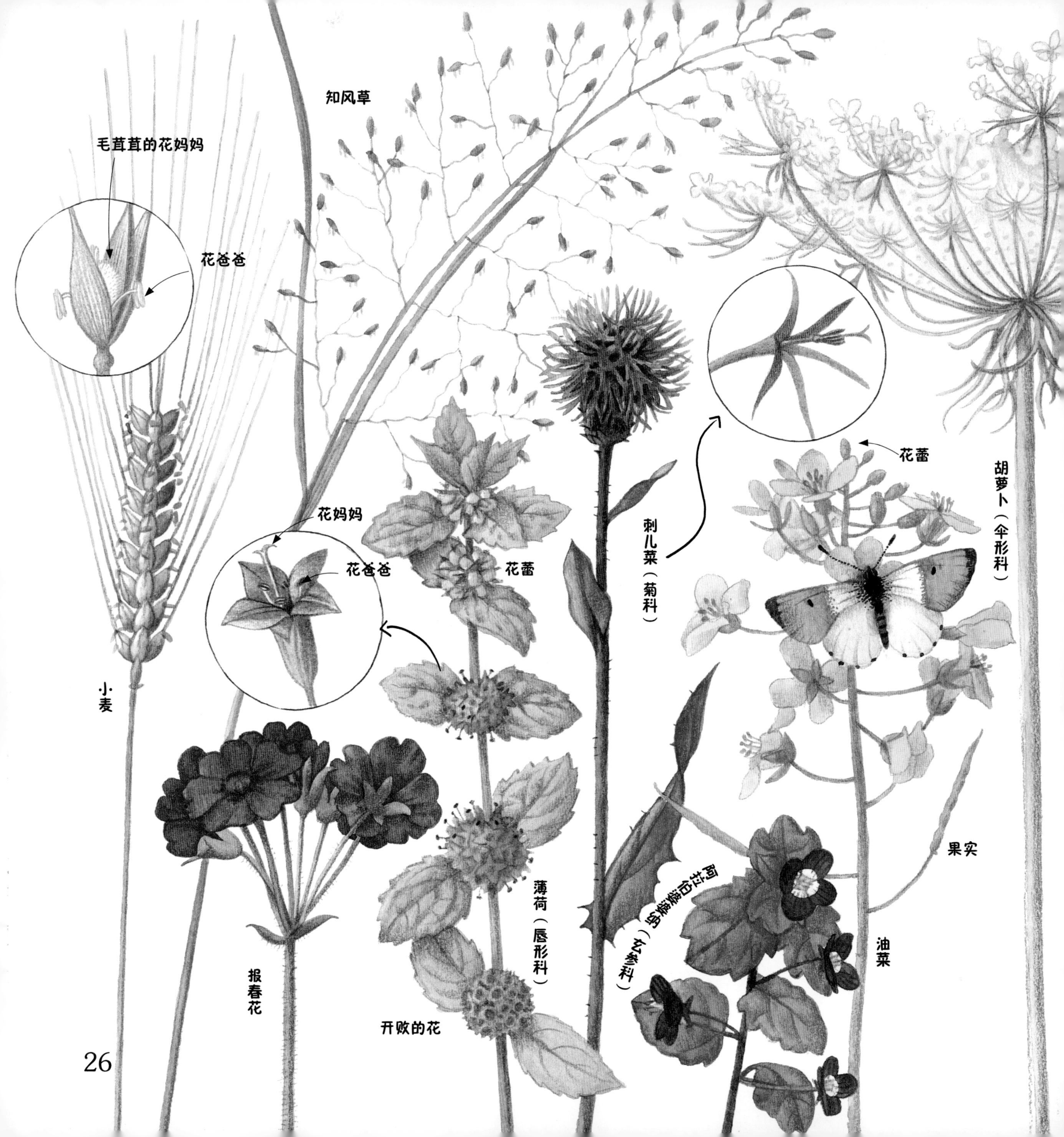
知风草
毛茸茸的花妈妈
花爸爸
小麦
花妈妈
花爸爸
花蕾
刺儿菜（菊科）
花蕾
胡萝卜（伞形科）
报春花
薄荷（唇形科）
开败的花
阿拉伯婆婆纳（玄参科）
油菜
果实

草的花与花序

天暖和的时候，大部分草都开花了。一朵花最显眼的部分是花瓣，花瓣往往是五颜六色的。你知道花瓣里面有什么吗？一般来说，一朵花里面会有一个花妈妈（雌蕊）和好几个花爸爸（雄蕊）。花爸爸把花粉当作礼物送给花妈妈。花妈妈收下礼物后，就可以生宝宝了。生出来的宝宝就是果实。花爸爸的礼物大多是被小昆虫（比如蜜蜂、蝴蝶、飞蛾等）送到花妈妈那儿的，这个过程叫作授粉。

花爸爸

花妈妈

小朋友，请你观察右边不同花序的形状。左边的花与哪种花序对应呢？请你找一找。

小朋友，如果你想留住花儿的美丽，最好别摘它，否则它很快就会枯萎了。你可以用相机把美丽的花儿拍下来，或者用画笔把它们画下来。

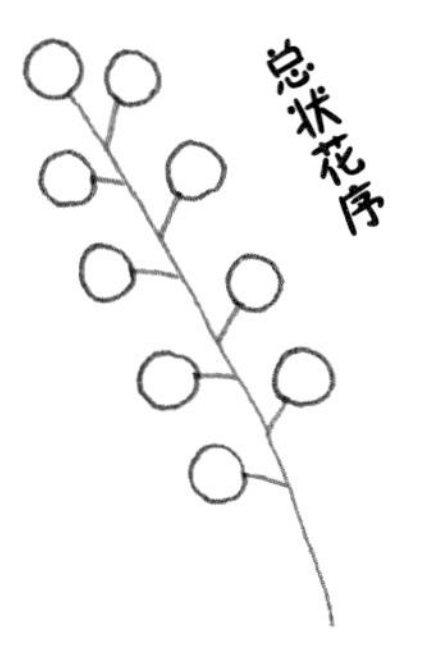

头状花序

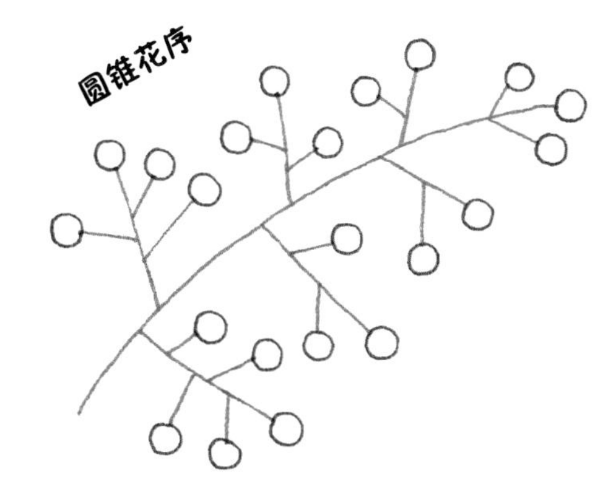

花儿不只有颜色、大小与形状的区别，它们还会排列成不同的队形，叫作花序。

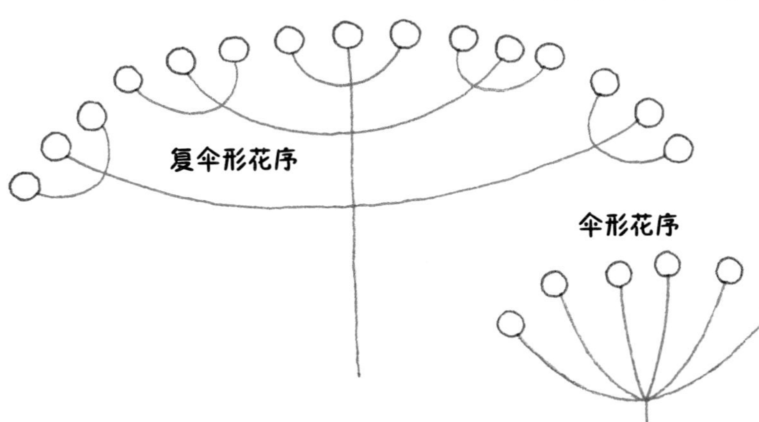

伞形花序

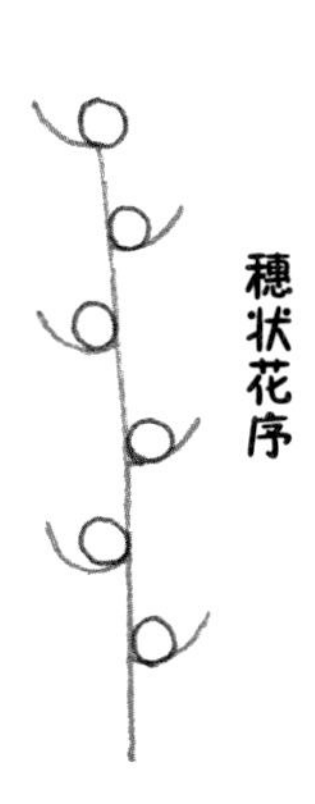

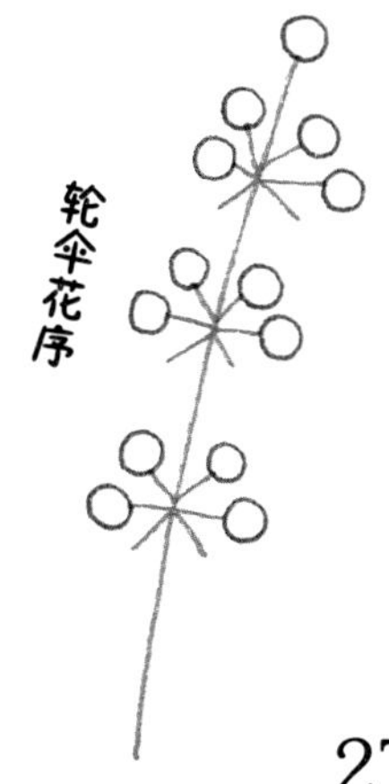

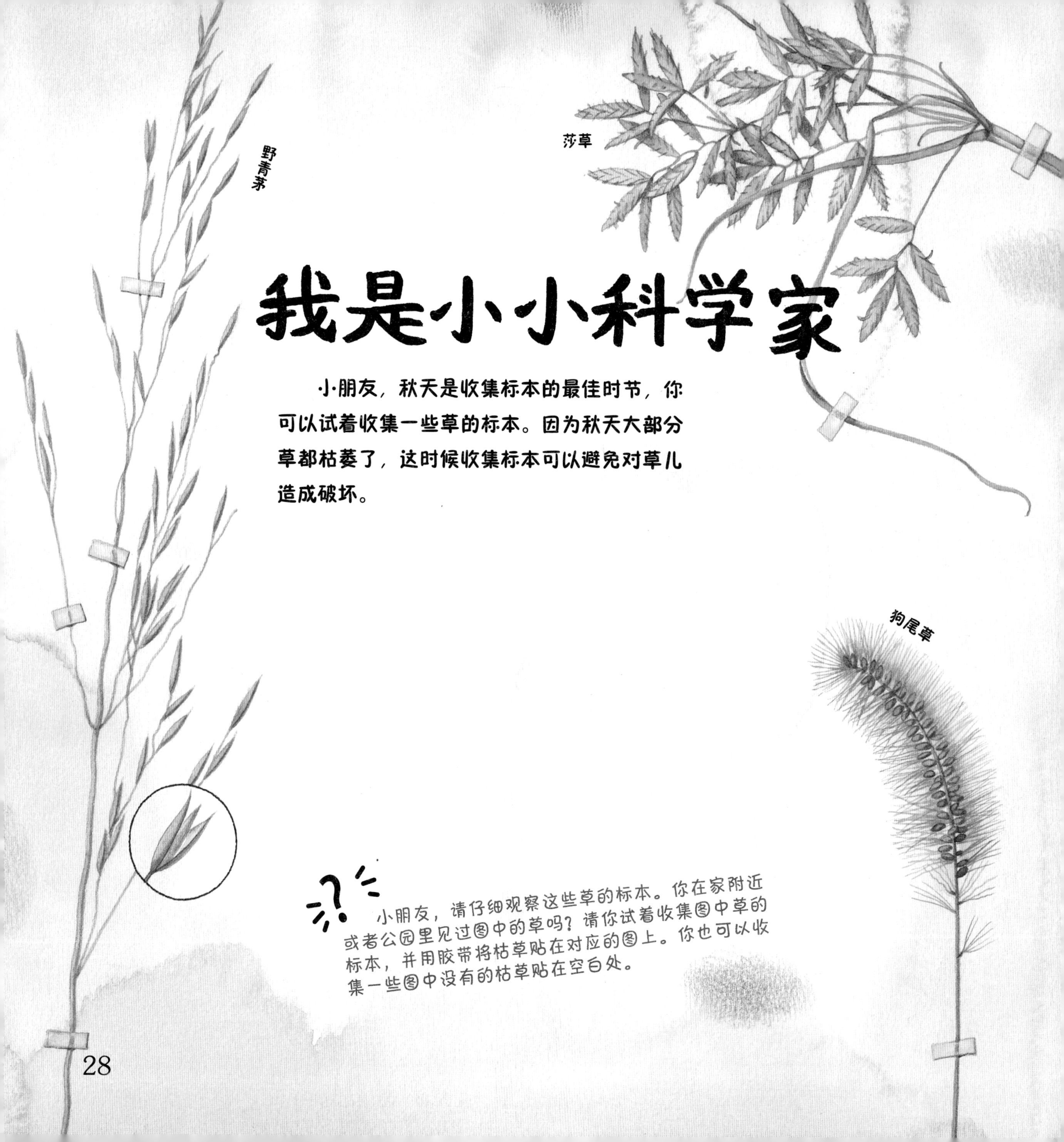

我是小小科学家

小朋友，秋天是收集标本的最佳时节，你可以试着收集一些草的标本。因为秋天大部分草都枯萎了，这时候收集标本可以避免对草儿造成破坏。

小朋友，请仔细观察这些草的标本。你在家附近或者公园里见过图中的草吗？请你试着收集图中草的标本，并用胶带将枯草贴在对应的图上。你也可以收集一些图中没有的枯草贴在空白处。

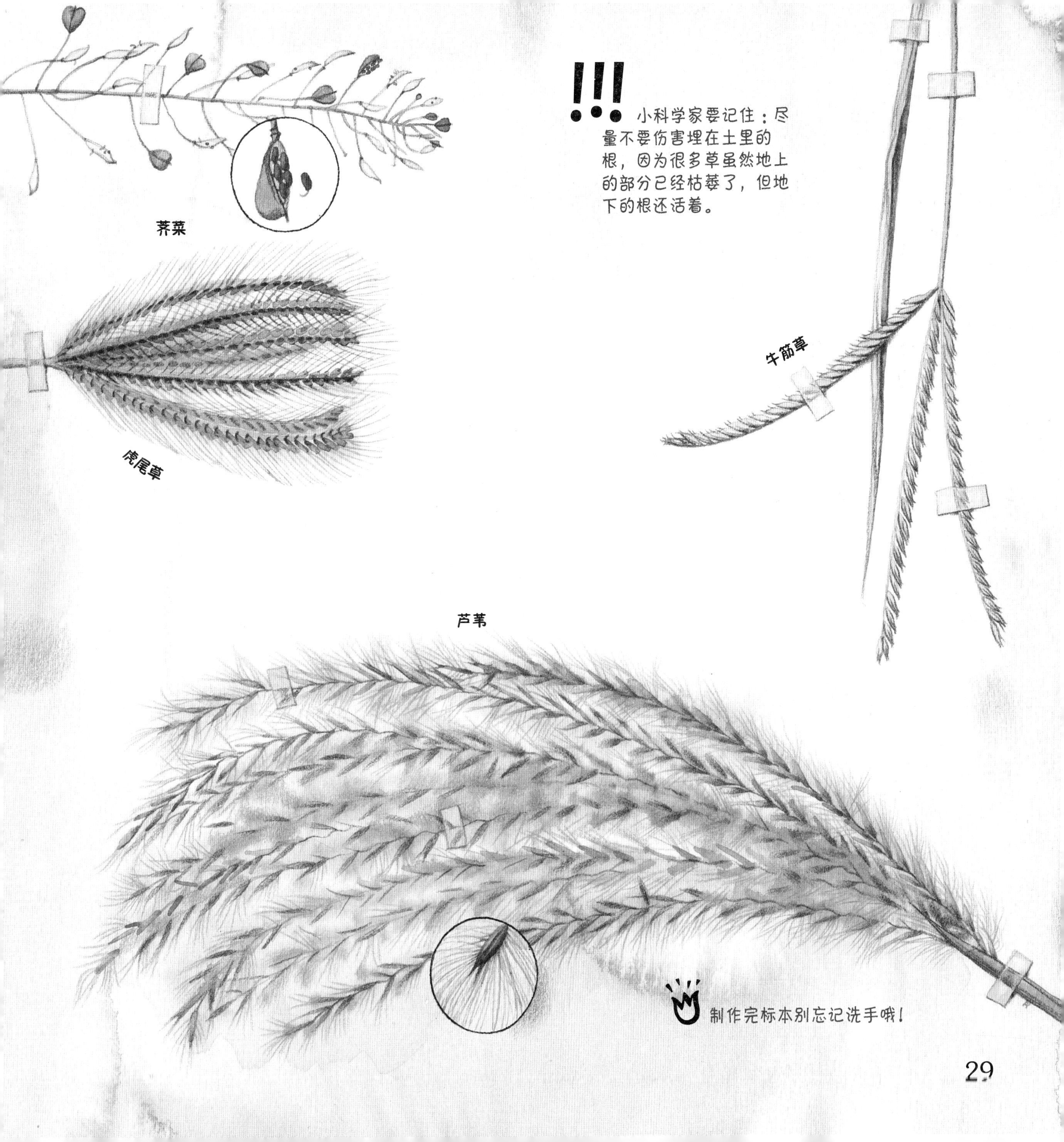
荠菜
虎尾草
牛筋草
芦苇
小科学家要记住：尽量不要伤害埋在土里的根，因为很多草虽然地上的部分已经枯萎了，但地下的根还活着。
制作完标本别忘记洗手哦！

这是撒沙为了创作拍的照片。

撒沙的创作素材都来源于我们身边常见的这些花花草草，这是车前草。

酢浆草在撒沙外婆家门外随处可见。

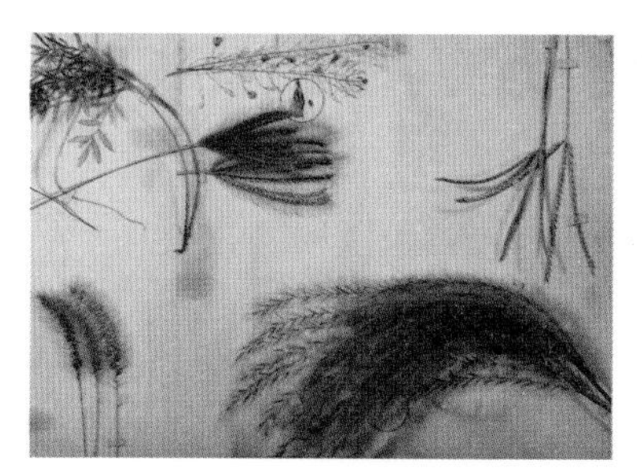

这是撒沙为了创作收藏的干草。

这是撒沙以前画的水彩画。

这是撒沙上大学之前画的植物，那时候她就对大自然产生了浓厚的兴趣。

创作过程图之一

创作过程图之二

香蕉在中国北方见不到，这是撒沙跟家人到中国南方旅游时拍的照片。